BIBLIOTHEK DER ABENTEURER

Eine Auswahl aus den Werken von

DR. MED. VET. MONTY FITZGIBBON

TYRANNOSAURUS REX

Das Forscherhandbuch eines Fossilienjägers

arsEdition

URZEITMONSTER IN MONTANA ENTDECKT

NEUFUNDLÄNDER MONATSBOTE

Februar 1903

Eine Expedition, die letztes Jahr vom Museum für Naturgeschichte ausgerüstet wurde, entdeckte im östlichen Montana die Überreste eines riesigen, fleischfressenden Dinosauriers. Leiter der Expedition war der bekannte Fossilienjäger Barnum Brown. Von dem Fund hieß es, der Schädel sei knapp zwei Meter lang und die Zähne hätten die Ausmaße von Tafelmessern. Den Reportern teilte Mr Brown mit, dass die Ausgrabung des Skeletts mehrere Jahre in Anspruch nehmen werde. Die Knochen werden dann nach New York geschickt und dort dem Paläontologen Henry Osborn vorgelegt. Osborn leitet seit 1897 die Abteilung für die Paläontologie der Wirbeltiere des bekannten New Yorker Museums.

St. John's, Neufundland
Garnisonskaserne
16. März 1907

Mr Barnum Brown
Museum für Naturgeschichte
New York City
USA

Sehr geehrter Mr Brown,

entschuldigen Sie bitte, dass ich mich einfach so unaufgefordert an Sie wende. Mit großem Interesse las ich in der Zeitung von Ihrer Entdeckung des Skeletts eines fleischfressenden Dinosauriers und kann nun praktisch an nichts anderes mehr denken, als an dieses urzeitliche Tier. Sie müssen wissen, dass ich von Beruf Tierarzt bin und mich beruflich und auch privat viel mit der Anatomie der Wirbeltiere beschäftigt habe. Seit meiner Kindheit bin ich von Dinosauriern fasziniert, aber nie hätte ich zu träumen gewagt, eines Tages ein fossiles Dinosaurierskelett zu sehen. Ich kümmere mich hier überwiegend um die Pferde meiner Offizierskollegen, bin aber derzeit in der glücklichen Lage, Urlaub nehmen zu können. Das Reisen und das Leben unter extremen Bedingungen bin ich gewohnt, und ich würde auch meinen eigenen Proviant mitbringen. Könnten Sie sich vorstellen, mir zu erlauben, Ihre Ausgrabungsstätte zu besuchen, damit ich mit eigenen Augen Dinosaurierknochen sehen kann?

In Erwartung Ihrer freundlichen Antwort verbleibe ich hochachtungsvoll

Monty.

J. E. M. Fitzgibbon,
Hauptmann, Veterinärkorps der Armee

Abteilung für die Paläontologie der Wirbeltiere
Amerikanisches Museum für Naturgeschichte
New York, USA

Sehr geehrter Mr Fitzgibbon, 27. November 1907

vielen Dank für Ihren Brief vom 16. März 1907. Nach Abschluss der Ausgrabungsarbeiten wird das Skelett hier im New Yorker Museum ausgestellt werden. Wenn Sie es aber schon vorher sehen möchten, habe ich gegen Ihren Besuch in Montana nichts einzuwenden. Wir werden den größten Teil des kommenden Sommers in der Nähe von Hell Creek verbringen, einen Tagesritt nördlich von Miles City. Wenn es Ihnen gelingt, unser Camp zu finden, werde ich Sie dort gerne willkommen heißen. Vielleicht könnten Sie sich bei dieser Gelegenheit auch einmal unsere Maultiere ansehen. Kommen Sie aber bitte nicht in Uniform, und erwarten Sie nicht, ihrem Rang entsprechend behandelt zu werden. Dieses Museum ist eine zivile Einrichtung und soll es auch bleiben.

Mit freundlichen Grüßen

P.P.

(Von Mr Brown diktiert und in seiner Abwesenheit unterschrieben.)

Inhalt

ÜBER DEN AUTOR

Monty Fitzgibbon auf den Spuren von Barnum Brown

Über Monty – Ein Freizeitabenteurer

James Edward Montgomery Fitzgibbon, genannt »Monty«, kam 1879 in Schottland als einziges Kind eines Fischhändlers aus Aberdeen zur Welt. Er besuchte die Schule seiner Heimatstadt und studierte später in England Veterinärmedizin. Nach seiner Promotion im Juni 1902 trat er in die Armee ein und wurde im November 1902 nach Neufundland versetzt.

Über die folgenden Jahre seines Lebens ist wenig bekannt. Bis zu seiner plötzlichen Abreise fiel er in der Armee nicht weiter auf. Im September 1908 wurde er offiziell als vermisst gemeldet.

Sein Buch, das wir hier als Faksimile herausgeben, erhellt diese dunklen Jahre seiner unerlaubten Abwesenheit von der Truppe. Monty steigerte sich immer stärker in seine Leidenschaft für Dinosaurierfossilien hinein und forschte noch jahrelang, nachdem Barnum Brown Montana verlassen hatte, in den Rocky Mountains. Dieses außergewöhnliche Buch vermag es, dem Leser die Begeisterung des Autors auf mitreißende Weise zu vermitteln. Außerdem stellt es den ersten Versuch dar, in Buchform einen Überblick über die fleischfressenden Dinosaurier zu bieten.

Über Barnum Brown – Die Inspiration

Barnum Brown ist einer der bekanntesten amerikanischen Paläontologen. 1873 in Kansas geboren und nach dem berühmten Zirkusdirektor P. T. Barnum benannt, entdeckte er auf dem College sein Interesse für Dinosaurier. 1897 trat er unter Henry Osborn eine Stelle am Museum für Naturgeschichte an. Die Entdeckung des Tyrannosaurus im Jahr 1902 war sicher das bedeutendste Ereignis in Browns über 60-jähriger Karriere als Fossilienjäger. Neben den USA und Kanada bereiste Brown auch Mexiko, Indien und Pakistan. Er starb 1963 einige Tage vor seinem 90. Geburtstag.

Monty Fitzgibbon
Tierarzt und Forscher
geboren 1879 in Schottland

Barnum Brown
Paläontologe
geboren 1873 in Kansas

*April 1908: Die Reise beginnt ...

Die erste Etappe meiner Abenteuerreise legte ich an Bord eines Dampfschiffs zurück, das Kurs auf New York genommen hatte. Damals ahnte ich weder, dass ich so lange unterwegs sein, noch dass ich so viel Aufregendes erleben würde. Ich beabsichtigte lediglich, Mr Barnum Browns Ausgrabungsstätte in Montana aufzusuchen und dort einige Wochen zu bleiben. In der Hoffnung, bei den Ausgrabungen mehr als nur ein Beobachter sein zu können, half ich aus, wo ich nur konnte und stellte viele Fragen. Mein Interesse schien Mr Barnum zu gefallen und er war stets sehr freundlich zu mir, beantwortete geduldig meine Fragen und vergewisserte sich stets, dass ich seine Antworten auch richtig verstanden hatte.

Damals wusste ich noch nicht, dass ich ein besonderes Talent dafür besaß, Fossilien zu entdecken und dass es mir besonders leicht fiel, vielversprechendes Gestein zu erkennen. Diese Begabungen währen vielleicht unentdeckt geblieben, wenn Barnum sie nicht erkannt und mich dazu angeleitet hätte, sie zu vervollkommnen. Wenn dieser Bericht, mein eigener, bescheidener Beitrag zur Erforschung urzeitlicher Tiere überhaupt von Bedeutung ist, dann nur, weil ich den besten aller Lehrer hatte.

* Anmerkung des Verlags

Diese Einleitung lag als »Vorwort und Widmung« Montys Tagebuch bei.

Karte meiner Reise durch Nordamerika

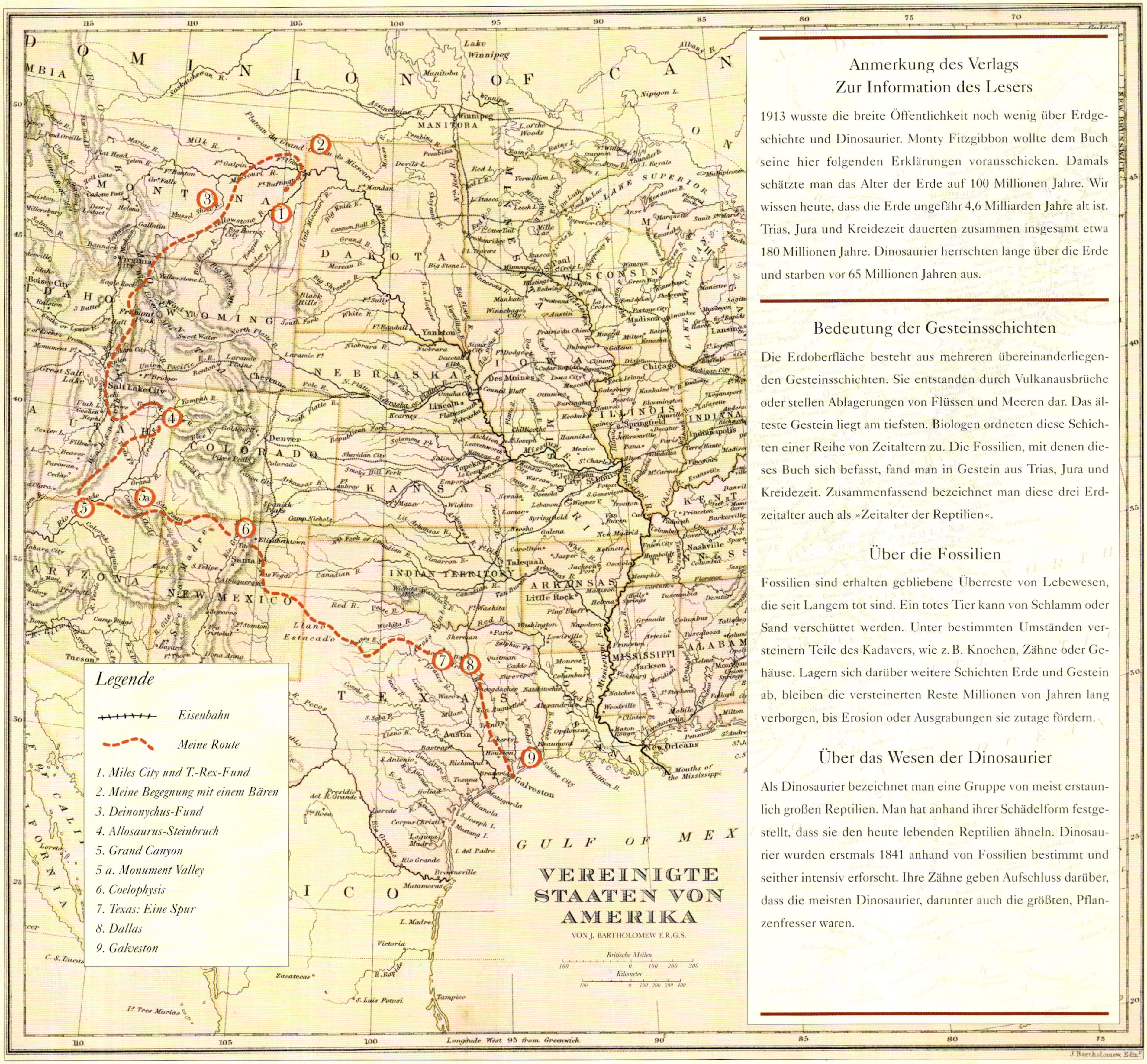

Anmerkung des Verlags Zur Information des Lesers

1913 wusste die breite Öffentlichkeit noch wenig über Erdgeschichte und Dinosaurier. Monty Fitzgibbon wollte dem Buch seine hier folgenden Erklärungen vorausschicken. Damals schätzte man das Alter der Erde auf 100 Millionen Jahre. Wir wissen heute, dass die Erde ungefähr 4,6 Milliarden Jahre alt ist. Trias, Jura und Kreidezeit dauerten zusammen insgesamt etwa 180 Millionen Jahre. Dinosaurier herrschten lange über die Erde und starben vor 65 Millionen Jahren aus.

Bedeutung der Gesteinsschichten

Die Erdoberfläche besteht aus mehreren übereinanderliegenden Gesteinsschichten. Sie entstanden durch Vulkanausbrüche oder stellen Ablagerungen von Flüssen und Meeren dar. Das älteste Gestein liegt am tiefsten. Biologen ordneten diese Schichten einer Reihe von Zeitaltern zu. Die Fossilien, mit denen dieses Buch sich befasst, fand man in Gestein aus Trias, Jura und Kreidezeit. Zusammenfassend bezeichnet man diese drei Erdzeitalter auch als »Zeitalter der Reptilien«.

Über die Fossilien

Fossilien sind erhalten gebliebene Überreste von Lebewesen, die seit Langem tot sind. Ein totes Tier kann von Schlamm oder Sand verschüttet werden. Unter bestimmten Umständen versteinern Teile des Kadavers, wie z. B. Knochen, Zähne oder Gehäuse. Lagern sich darüber weitere Schichten Erde und Gestein ab, bleiben die versteinerten Reste Millionen von Jahren lang verborgen, bis Erosion oder Ausgrabungen sie zutage fördern.

Über das Wesen der Dinosaurier

Als Dinosaurier bezeichnet man eine Gruppe von meist erstaunlich großen Reptilien. Man hat anhand ihrer Schädelform festgestellt, dass sie den heute lebenden Reptilien ähneln. Dinosaurier wurden erstmals 1841 anhand von Fossilien bestimmt und seither intensiv erforscht. Ihre Zähne geben Aufschluss darüber, dass die meisten Dinosaurier, darunter auch die größten, Pflanzenfresser waren.

1. Kapitel

DAS ABENTEUER BEGINNT

Mein neues Leben als Fossilienjäger

Nachdem ich mich in New York durch eine kurze Recherche vergewissert hatte, dass sich Brown tatsächlich in Montana aufhielt, setzte ich mich in den ersten Zug, der nach Westen fuhr. Nachdem ich Chicago erreichte, reiste ich über St. Pierre weiter nach Seattle. Während der Fahrt durch die Prärie merkte ich, dass die umgebende Landschaft immer trockener wurde. Ich überlegte noch, warum der an der Küste so häufig auftretende Regen das Hinterland nicht erreichte, als ich zum ersten Mal in meinem Leben jene Bergkette erblickte, die zu meiner zweiten Heimat werden sollte: die Rocky Mountains! Miles City ist keine große Stadt, doch gelang es mir hier, ein gutes Pferd und einige wichtige Ausrüstungsgegenstände zu erwerben. Dank eines einfachen Plans fand ich auch bald Barnums Expedition: Ich wartete einfach am Bahnhof, bis einer der Wagen mit den für New York bestimmen Knochen kam. Als er entladen zu ihrem Camp zurückgeschickt wurde, ritt ich hinterher.

Die Große Nördliche Eisenbahnlinie

Dieses »Feuerross« half mir, mein Ziel zu erreichen. Die Lok verkehrt auf dem nördlichsten der sechs transkontinentalen Schienenstränge, die den Amerika-Reisenden zur Verfügung stehen.

Gesteinsarten

Bald lernte ich, vulkanisches Gestein sowie Schichten zu erkennen, die durch die Hitze eines Vulkans verändert worden waren: Derartiges Gestein enthält meistens nur sehr selten Fossilien. Sedimentgestein wie z. B. Sandstein, Tonstein und Kalkstein dagegen kann ein wahres Museum der Urzeit sein.

Sedimentgestein entstand einst überwiegend am Boden urzeitlicher Meere. Es kann große Mengen fossiler Muscheln und Krebse enthalten – oder auch nicht. So oder so ist es für jemanden, der sich mit landlebenden Dinosauriern beschäftigt, nicht sehr interessant. Süßwassersediment, das sich am Boden von Flüssen, Teichen und Seen bildete, ist da wesentlich vielversprechender. Genau diese Gesteinsarten liegen an der Ostseite der Rocky Mountains kilometerweit bloß.

Diese Skizze der Kisten mit Knochen, die am Bahnhof auf den Weitertransport nach New York warten, vermittelt auch einen Eindruck von der in Miles City herrschenden geschäftigen Betriebsamkeit.

Die Jagd nach Fossilien

Es ist kein Zufall, dass mich meine erste Jagd nach fossilen Dinosauriern auf die regenarme Seite der Rocky Mountains führte. Fossilien werden weltweit überwiegend in Felsgestein gefunden. Meist bleiben sie unter Erde und Vegetation verborgen. In den trockenen Regionen der Rocky Mountains aber liegen die Felsen frei und mitunter kann ein geschulter Blick interessante mögliche Fundstellen erkennen. Mal ist es das Sonnenlicht, das einen versteinerten Knochen aufblitzen lässt, mal eine eigenartige Felsformation oder auch nur eine leichte Verfärbung des Gesteins. Nur eine sorgfältige Untersuchung kann Auskunft darüber geben, ob an der fraglichen Stelle wirklich Fossilien verborgen sind, und in neun von zehn Fällen ist dies leider nicht der Fall.

2. Kapitel

DIE AUSGRABUNG

Fossilien auszugraben ist langwierig und anstrengend

Meine ersten Tage in Montana verbrachte ich damit, die Expeditionsteilnehmer staunend bei ihrer Arbeit zu beobachten. Mir wurde schnell bewusst, dass selbst die Kutscher, die nur die Wagen mit den Knochen zum Bahnhof brachten, verglichen mit mir ausgezeichnete Dinosaurierexperten waren. Zum Glück erinnerte ich mich an viele anatomische Einzelheiten der Dinosaurier, um nicht wie ein vollkommener Trottel dazustehen. Doch fiel es mir nicht leicht, die einzeln herumliegenden und oft beschädigten Knochen zu bestimmen, und erst viel später gelang es mir, mir den Körperbau des Tieres vorzustellen.

Die Museumsexpedition des Jahres 1908

Auf einem felsigen Hang in Montana untersucht Barnum Brown (rechts) einen beschädigten Dinosaurierknochen, der soeben freigelegt wurde.

Erste Hinweise

Ich erfuhr, dass die Expedition an verschiedenen Orten mehrere unvollständige Skelette der gleichen Art gefunden hatte. Das im Sommer 1908 ausgegrabene Exemplar war durch ein Mitglied entdeckt worden, das vier Wirbel aus einem Sandsteinkamm herausragen gesehen hatte. Unter Erde und Gestein fanden sich weitere Wirbel sowie das Becken. Der Schädel lag in der Nähe. Aufgrund der Zusammensetzung des Sandsteins nimmt Mr Brown an, dass die Dinosaurier in der Nähe eines Flusses starben und bei einer Überschwemmung vom Sand begraben wurden. Zuvor hatten die Männer einige Kilometer weiter in ähnlichem Gestein Hinterbeine und Schwanz eines weiteren fossilen Exemplars gefunden.

Die Arbeit im Feld

Der Sandstein ist extrem hart und von Hand nur schwer zu bearbeiten. Glücklicherweise braucht von den Fossilien nicht sämtliches Gestein entfernt zu werden, da diese Arbeit später im Museum erledigt wird. Die Männer im Feld (zu denen ich mich inzwischen auch zählen darf) legen die Fossilien frei und zerteilen sie in Platten, die leicht und handlich genug sind, um auf einen Wagen gehoben und zur Bahnstation gefahren zu werden.

Vorsicht Dynamit!

Beim Freilegen und Zerteilen der Fossilien war uns Dynamit eine große Hilfe. Wenn man bei einer derartigen Arbeit Sprengstoff einsetzt, muss man natürlich sehr umsichtig vorgehen und die zu verwendenden Mengen genau abschätzen. Eine kleine Ladung bleibt wirkungslos, während eine zu großzügig bemessene die Knochen in Staub verwandelt.

Die Fahrt im Wagen nach Miles City war auch für die kostbare Fracht alles andere als ungefährlich.

Die Löcher für die Sprengladungen werden von Hand gebohrt. Unter der heißen Sonne ist das eine sehr schwere Arbeit.

Die Fossilien werden mit größter Vorsicht behandelt. Zum Entfernen des Sandes verwendet man weiche Pinsel.

Während des Ausgrabens fertigt einer der Expeditionsteilnehmer eine Skizze des freigelegten Knochens an.

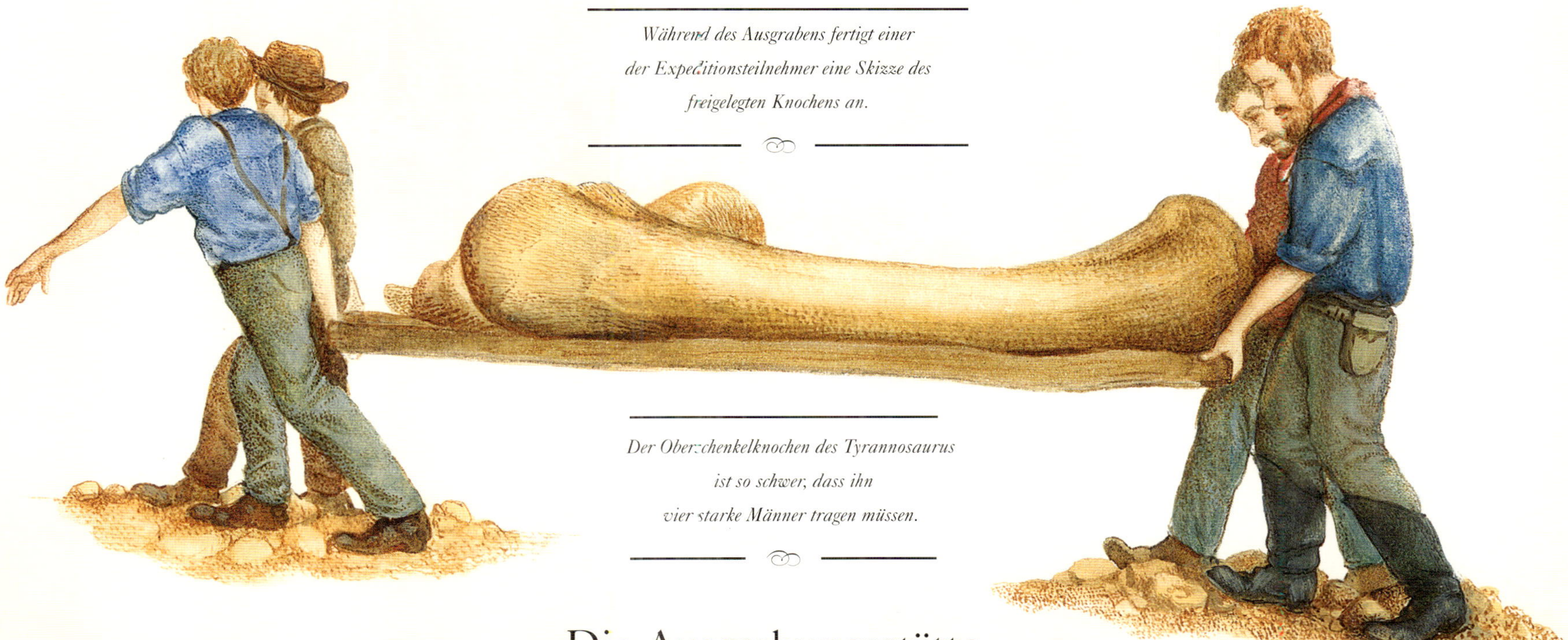

Der Oberschenkelknochen des Tyrannosaurus ist so schwer, dass ihn vier starke Männer tragen müssen.

Die Ausgrabungsstätte

3. Kapitel

DER MÄCHTIGE TYRANNOSAURUS

Die Rekonstruktion eines herrlichen Exemplars

Ich weiß nicht mehr genau, wann ich mich entschied, nicht mehr zurückzukehren. Mein Leben als Tierarzt bei der Armee kam mir hier inzwischen furchtbar langweilig vor. Als Barnum Brown und seine Männer am 11. September packten, um nach Hause zu fahren, blieb ich zurück und zog in eine verlassene Blockhütte. Den Winter über verbrachte ich viele Stunden damit, die Knochen des Tyrannosaurus zu messen und zu zeichnen. Abends am Lagerfeuer versuchte ich mir vorzustellen, wie das Tier ausgesehen hatte, als noch Muskeln und Haut diese Knochen bedeckten.

Gefährlicher Riese

Der Tyrannosaurus ist soweit heute bekannt der größte aller fleischfressenden Dinosaurier. Er war über 6 m hoch, von Schnauze bis Schwanzspitze doppelt so lang und muss annähernd 10 t gewogen haben.* Der massive Schädel ist gut und gerne 1,75 m lang. Wie bei modernen Raubtieren waren die Augen vorne im Kopf. Den Kiefergelenken nach zu urteilen konnte Tyrannosaurus das von langen, scharfen Zähnen gesäumte Maul weit aufreißen. Hals und Rücken waren kräftig und sehr beweglich. Das Tier lief auf den Hinterbeinen, deren dicke Knochen auf kräftige Muskeln schließen lassen. An den Füßen waren drei mit gebogenen Krallen versehene Zehen. Der Schwanz war lang und schwer.

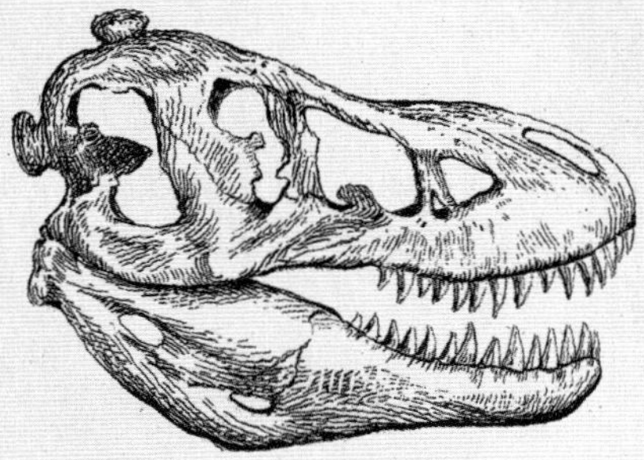

Abb. 1.1 Schädel

Größe und Form der Öffnungen im Schädel sind sichere Hinweise dafür, dass Dinosaurier Echsen gewesen sind.

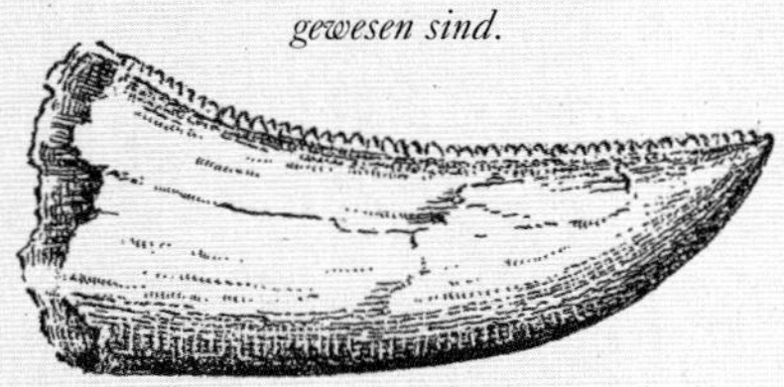

Abb. 1.2 Zahn

Seine Zähne verraten uns, dass Tyrannosaurus ein Fleischfresser war. Die gesägten Kanten zerschnitten Haut, Muskeln und Knochen.

Wie ein Känguru?

Experten zufolge hielt Tyrannosaurus sich aufrecht und so wird er auf der Bildtafel hier gegenüber dargestellt. Beim Stehen könnte er sich mit dem Schwanz abgestützt haben, wie es Kängurus tun. Wenn der Tyrannosaurus lief, schleifte er den Schwanz nach dieser Theorie am Boden hinterher. Es erscheint fraglich, dass er dabei hohe Geschwindigkeiten erreichen konnte. Zwar waren seine Beine sehr kräftig, doch mussten sie den schweren Körper tragen. Somit erzielte dieser Dinosaurier nur Geschwindigkeiten von wenigen Stundenkilometern.**

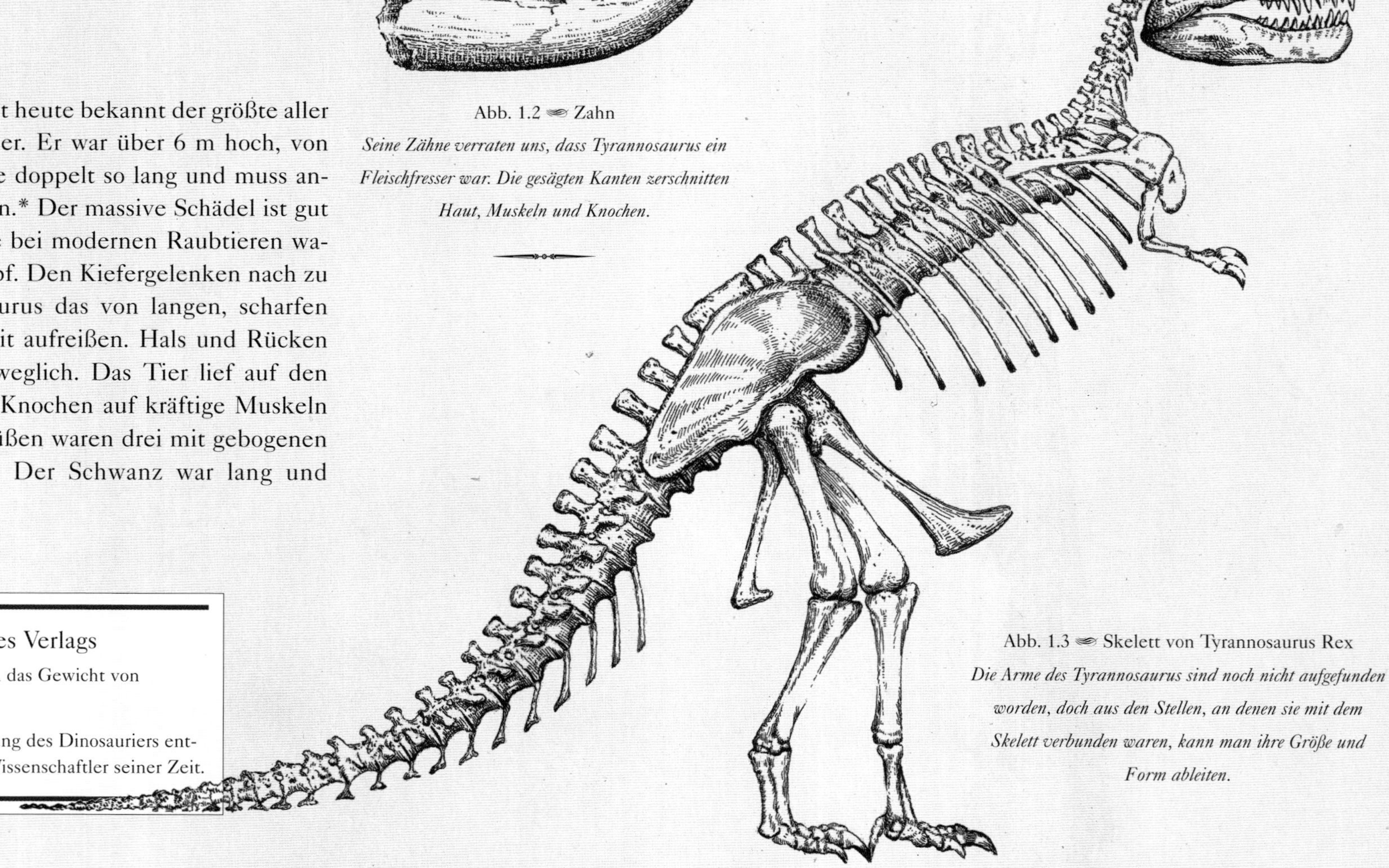

Abb. 1.3 Skelett von Tyrannosaurus Rex

Die Arme des Tyrannosaurus sind noch nicht aufgefunden worden, doch aus den Stellen, an denen sie mit dem Skelett verbunden waren, kann man ihre Größe und Form ableiten.

* Anmerkung des Verlags

* Heutige Paläontologen schätzen das Gewicht von Tyrannosaurus auf ungefähr 6 t.

** Montys Beschreibung der Haltung des Dinosauriers entspricht den Vorstellungen der Wissenschaftler seiner Zeit.

Tyrannosaurus Rex

Die Tyrannenechse, der König der Dinosaurier, war mit Sicherheit das furchtbarste und gefährlichste Geschöpf, das jemals auf der Erde lebte.

4. Kapitel

ALLOSAURUS UND CERATOSAURUS

Zwei große Fleischfresser aus dem prähistorischen Utah

Im Frühjahr 1909 fuhr ich für ein paar Wochen nach Utah. Ich wollte mir die Fundstellen einiger anderer Dinosaurier anschauen, die im vorigen Jahrhundert entdeckt worden waren.* Die Reise war anstrengender, als ich gedacht hatte, und aus Wochen wurden Monate. Als ich endlich wieder in Montana war, hatte die Museumsexpedition die diesjährige Grabungssaison bereits abgeschlossen und war in den Osten zurückgekehrt. Später erfuhr ich, dass Barnum Brown im folgenden Jahr (1910) weiter oben im Norden graben wollte, an der Grenze zu Kanada.

Türme aus Stein

In diesem Tal in Utah ragen riesige Säulen aus Stein empor, als seien sie Monumente vergangener Zeitalter.

Allosaurus

Diese furchterregende Echse griff die Herden großer, langhalsiger Dinosaurier wie z. B. Camarasaurus an, die vor Millionen von Jahren durch die Landschaften Amerikas gestreift waren. Allosaurus war ungefähr 10 m lang, also etwas kleiner als Tyrannosaurus und auch nicht so schwer gebaut: Er wog höchstens 2 t. Allosaurus besaß kräftige Kiefer mit scharfen Zähnen, und seine Arme waren groß genug, um bei Angriff oder Verteidigung eingesetzt zu werden. Fossile Knochen dieser Tiere wurden in großen Stückzahlen gefunden, und man nimmt an, dass sie im Rudel jagten. Diese Theorie ist umso wahrscheinlicher, als vom Fleisch eines 20 t schweren Camarasaurus ein Dutzend Allosaurier satt werden konnten.

Ceratosaurus

Ceratosaurus war ein fleischfressender und mit ungefähr 6 m Länge mittelgroßer Dinosaurier. Da man ihre Knochen in den gleichen Gesteinsschichten fand, könnte Ceratosaurus gleichzeitig mit Allosaurus gelebt haben. Beide Dinosaurier besaßen scharfe, gebogene Zähne und liefen auf den Hinterbeinen. Doch gab es auch viele Unterschiede, z. B. hinsichtlich der Schädelform. Auffälligstes Merkmal des Schädels von Ceratosaurus sind seine drei Hörner: ein großes über der Schnauze und zwei kleinere über den Augen. Entdeckt wurden die Fossilien dieser Tiere in Gestein aus dem Jura, das Millionen von Jahren älter ist als das Kreide-Gestein aus dem östlichen Montana. Die Schädel von Allosaurus aus dem Jura und Tyrannosaurus aus der Kreide weisen wichtige Gemeinsamkeiten auf. Zum Vergleich habe ich hier auch den Schädel eines 1879 in Kanada entdeckten Albertosaurus eingefügt, der ebenfalls aus der Kreidezeit stammt. Ich erkenne deutliche Ähnlichkeiten zwischen diesen drei Dinosauriern, während mir Ceratosaurus als mit ihnen weniger eng verwandt erscheint.

*** Anmerkung des Verlags**

Der amerikanische Paläontologe Othniel Marsh entdeckte diese beiden Dinosaurier Ende der 1870er-Jahre. Fitzgibbon scheint jedoch zufällig zur Cleveland-Lloyd-Stätte geraten zu sein, an der in den 1940er-Jahren Tausende von Dinosaurierknochen gefunden wurden.

Abb. 2 Vergleich der Schädel fleischfressender Dinosaurier

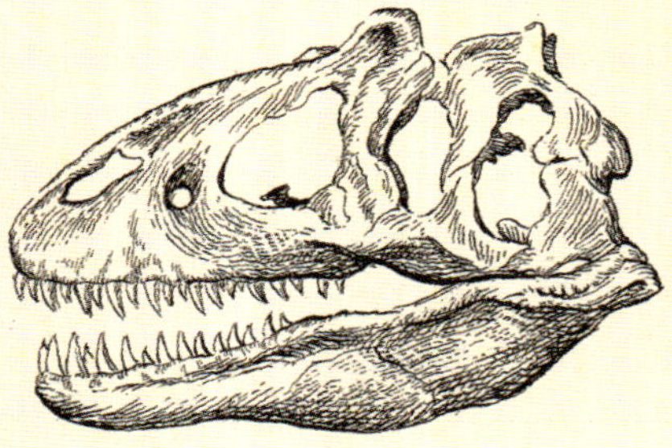

Abb. 2.1 Allosaurus

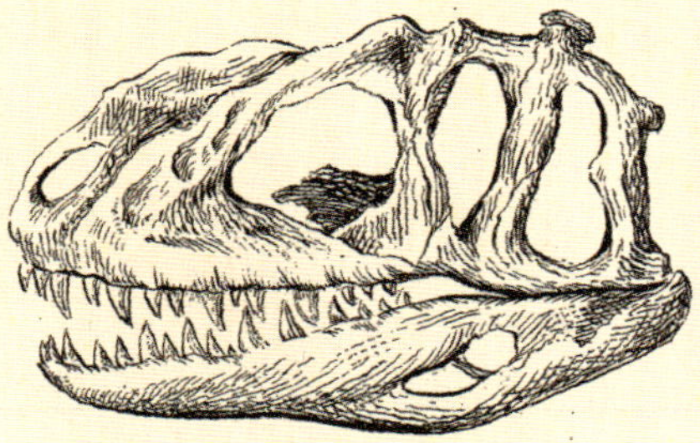

Abb. 2.2 Ceratosaurus

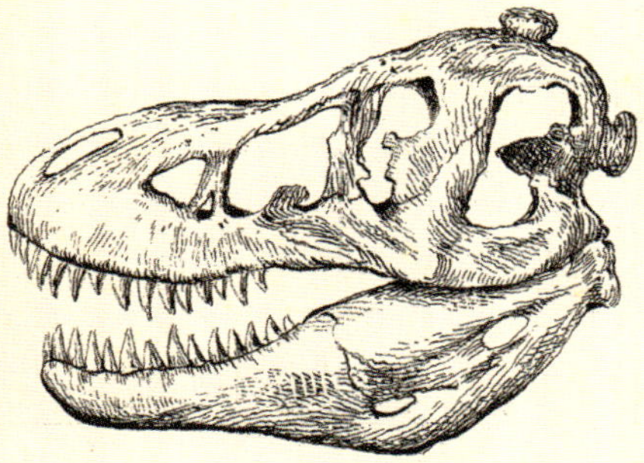

Abb. 2.3 Tyrannosaurus Rex

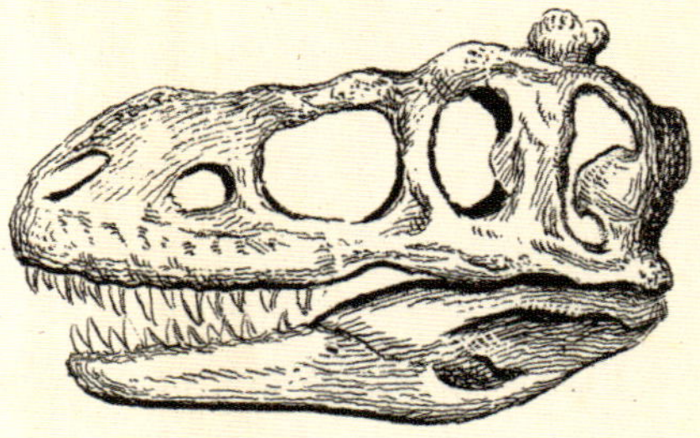

Abb. 2.4 Albertosaurus

Beachte, dass die Schädel von Allosaurus, Tyrannosaurus und Albertosaurus die gleiche Anzahl von Öffnungen besaßen, die jedoch anders geformt waren.

Kampf um das Festmahl

Der hungrige Ceratosaurus hat einen jungen Sauropoden geschlagen, doch vermutlich wird der größere und stärkere Allosaurus derjenige sein, der die Beute frisst.

5. Kapitel

EINIGE GEDANKEN

Lief der T. Rex wirklich auf zwei Beinen?

Ich war selbst überrascht darüber, wie gut mir mein neues, unstetes und einsames Leben gefiel. Nachdem ich bisher immer zu Hause, an der Universität und in Einrichtungen des Militärs gelebt hatte, mit regelmäßigen Mahlzeiten und sorgfältig gemachten Betten, fühlte ich mich nun unendlich frei. Dabei war mein neues Leben alles andere als leicht. Ich musste oft Hunger leiden und geriet hin und wieder in bedrohliche Situationen. Als ich mich einmal in höhere Lagen gewagt hatte, überraschte mich ein Blizzard. Ich grub mir in einer Schneewehe eine Höhle und glaubte mich in Sicherheit, doch tatsächlich schwebte ich in noch größerer Gefahr als vorhin: Ich hatte mir einen Tunnel in den Unterschlupf eines Grizzlys gegraben. Zum Glück war es ein männlicher Bär, denn sie sind größer, aber nicht unbedingt aggressiver als die Weibchen. Er stellte fest, dass ich für ihn keine Gefahr war, und beachtete mich nicht weiter.

Gefährliches Raubtier

Ich hatte viel zu viel Angst, um mir den Bären genauer anzuschauen, dessen Winterruhe ich gestört hatte.

Die Darstellung von Dinosauriern

Als Dinosaurier erstmals beschrieben wurden, glaubte man, sie seien auf vier Beinen gelaufen, wie unsere Elefanten. Dank späterer Befunde stellte man fest, dass manche wie etwa Tyrannosaurus auf zwei Beinen liefen. Von nun an wurden sie in einer Haltung gezeichnet, die an Kängurus erinnert. Vielleicht ist es meine Arbeit als Tierarzt und meine Erfahrung mit Tieren, die mich veranlasste, dies infrage zu stellen.

Eine neue Idee

Ich glaube, dass die auf zwei Beinen laufenden Dinosaurier ihren Körper beim Stehen und Gehen nahezu waagerecht hielten. Außerdem bin ich anders als derzeit die Fachleute der Ansicht, dass die Tiere ihren Schwanz über dem Boden trugen, um das Gleichgewicht zu halten. In dieser Körperhaltung könnten Tyrannosaurus und ähnliche Fleischfresser zumindest auf kurzen Strecken auch höhere Geschwindigkeiten erreicht haben. Der dabei aufgebaute Schwung erleichterte das Fangen der Beute.

Pflanzen und Dinosaurier

Von Mr Barnum Brown hatte ich gelernt, dass die in der Nähe eines Dinosauriers gefundenen Pflanzenfossilien Hinweise auf den Lebensraum des Tieres geben können. An der Ausgrabungsstätte in Montana waren mir vor allem Farne aufgefallen sowie einige großblättrige Pflanzen, wie z. B. Bergahorn. In Utah dagegen fand ich nur Farne und Ginkgo-Bäume, die keine großen Blätter haben. Die beiden Orte liegen nur einige Hundert Kilometer voneinander entfernt. Heute sind sie sich bezüglich des Klimas und der Vegetation ziemlich ähnlich. Rührt der Unterschied vielleicht daher, dass die Dinosaurier in Utah vor längerer Zeit lebten als der Tyrannosaurus in Montana? Vielleicht gab es damals im Jura keine Pflanzen mit großen Blättern. Das würde erklären, warum man in Utah keine entsprechenden Pflanzenfossilien fand.

Abb. 3 Detailskizzen des Tyrannosaurus

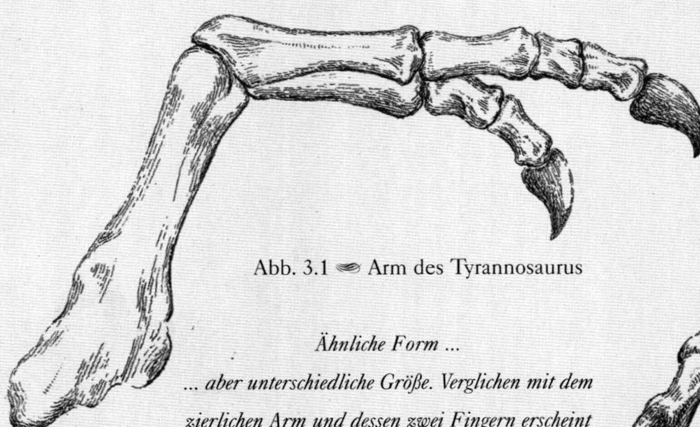

Abb. 3.1 Arm des Tyrannosaurus

Ähnliche Form …

… aber unterschiedliche Größe. Verglichen mit dem zierlichen Arm und dessen zwei Fingern erscheint der Fuß des Tyrannosaurus riesig.

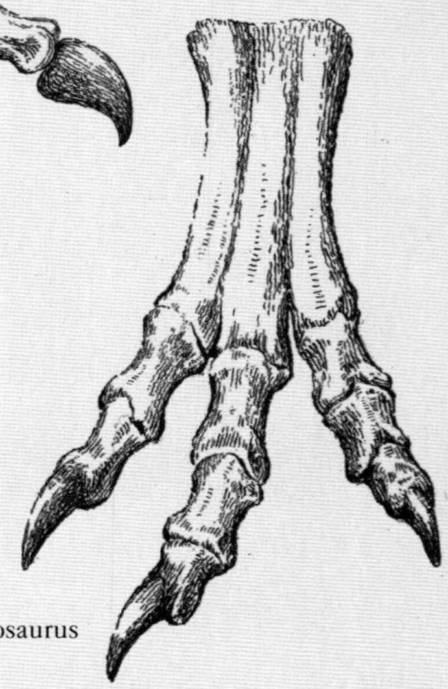

Abb. 3.2 Fuß des Tyrannosaurus

Abb. 4 ≈ Einige Überlegungen zu T. Rex
Könnte dies der Wahrheit näher kommen?
*Die Meinungen allzu vieler Experten stehen dem entgegen.**

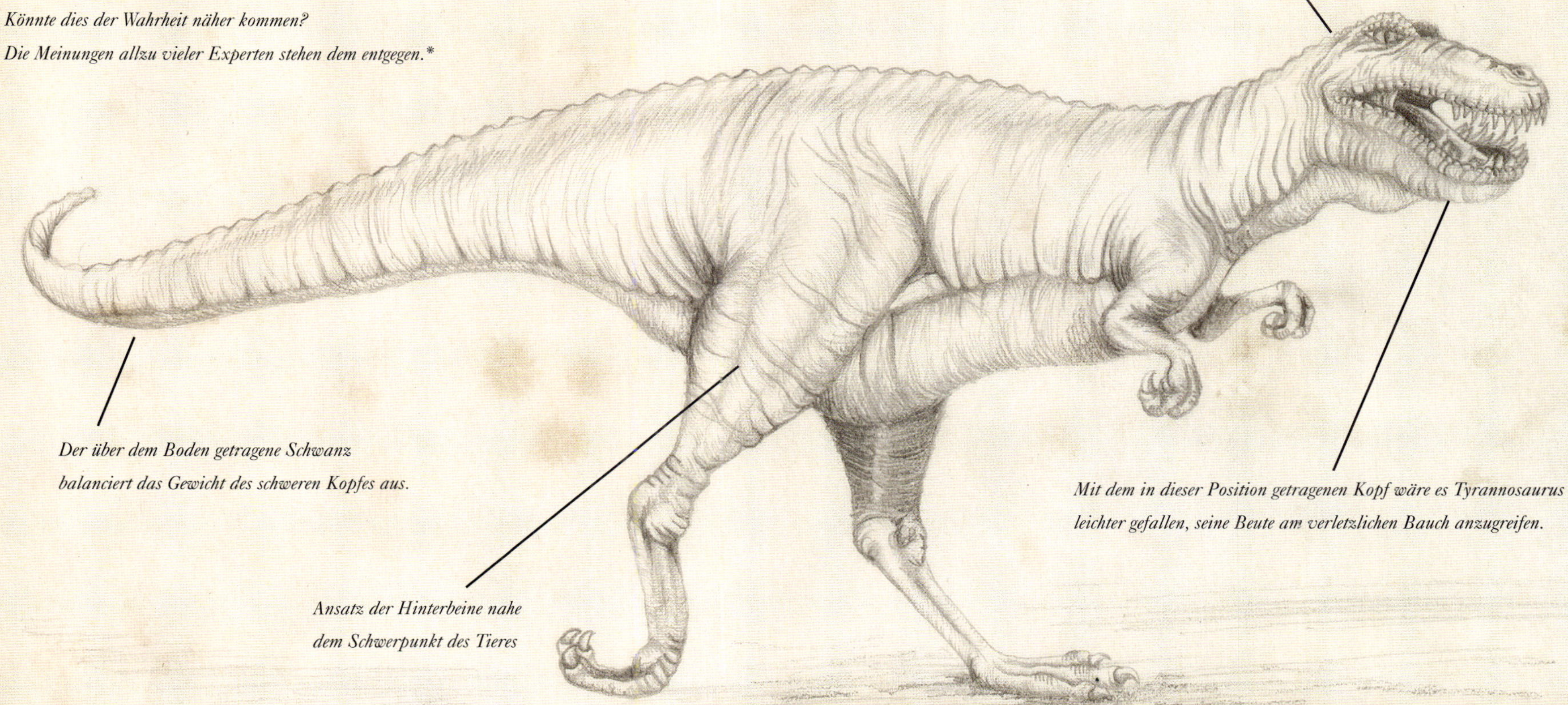

Abb. 5 ≈ Fossile Pflanzen des Jura und der Kreidezeit

Abb. 5.1 ≈ Farne aus Utah
(Jura)

Abb. 5.2 ≈ Großblättrige Pflanze aus Montana
(Kreide)

Meine These

Ich behaupte, dass Tyrannosaurus ein wesentlich aktiveres Tier war, als wir heute annehmen.

Pflanzen

Es könnte sein, dass dem Zeitalter der großblättrigen Bäume ein Zeitalter der Farne vorausging, so wie vor dem Zeitalter der Säugetiere das Zeitalter der Reptilien herrschte.

Als es im Winter einmal tagelang sehr kalt war und ich mich deshalb nicht vom Lagerfeuer entfernen konnte, beschloss ich, meine Theorie über die Haltung des Tyrannosaurus auf die Probe zu stellen. Aus flachen Scheiben schnitzte ich die Teile eines Modells und baute sie zusammen. Es überraschte mich nicht festzustellen, dass mein kleiner Tyrannosaurus standfest war und seinen Schwanz nicht als Stütze brauchte.

* Anmerkung des Verlags

Obwohl Monty die Hinterbeine vogelähnlicher gezeichnet hat, als heutige Forscher annehmen, kommt seine Vorstellung von der Körperhaltung des Tyrannosaurus modernen Theorien erstaunlich nahe.

URZEITLICHES DRAMA

Es handelt von geheimnisvollen Knochen und …

Im Sommer 1911 machte ich zufällig nördlich von Santa Fe in New Mexiko eine erstaunliche Entdeckung. Eigentlich suchte ich damals nicht wirklich nach Fossilien, sondern probierte in der Wüste das Motorrad eines Bekannten aus. Ich wollte wissen, ob es so schnell und wendig wie ein Pferd war. Die Maschine war tatsächlich schneller, doch man glitt mit ihr auf Sand und Geröll auch schneller aus. Es kam so weit, dass ich mit dem Motorrad einen Hang hinabrutschte – und inmitten von Dinosaurierknochen landete. Was für ein Zufall! Ein Erdrutsch hatte die Fossilien freigelegt, und ausgerechnet ich hatte sie gefunden.

Der motorisierte Monty

Der verwegene Forscher und sein stählernes Ross

Plötzlicher Tod

Auf der freiliegenden Fläche vor mir konnte ich Hunderte einzelner Knochen erkennen, und ich war mir sicher, dass in und unter dem Fels noch viele Tausende mehr waren. Nachdem ich die Knochen eine Weile studiert hatte, begann das, was ich sah, allmählich Sinn zu machen. Ich erkannte, dass ich die Skelette ungefähr eines Dutzends von Tieren der gleichen Art vor mir hatte.* So wie sie dort lagen, hätte man meinen können, die Tiere seien nach ihrem Tod übereinandergestapelt worden. Es war, als sei irgendein furchtbares Unglück über das Rudel hereingebrochen.

Miniatur-Dinosaurier

Die meisten Skelette waren nicht länger als 25 cm. Da unter ihnen auch noch zwei kleinere waren, nahm ich an, dass diese von Jungtieren und die größeren von Erwachsenen stammten. Bis dahin hatte ich nie daran gedacht und auch nirgendwo gelesen, dass es Dinosaurier von der Größe eines Hundes gegeben haben könnte. Seit dem Vorfall bin ich von der Existenz kleiner Dinosaurierarten überzeugt.

Soweit ich weiß, ist das Gestein, in dem diese Fossilien gefunden wurden, das gleiche, das auch die Baumstämme von Arizonas' berühmtem »Versteinerten Wald« einschloss. Man ordnet es dem Zeitalter der Trias zu. Also hatte ich eine in zweifacher Hinsicht erstaunliche Entdeckung gemacht: Diese Dinosaurier in New Mexiko waren nicht nur unglaublich klein, sondern auch sehr alt.

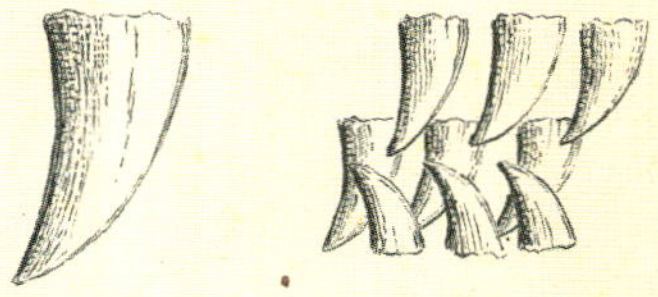

Abb. 6.1 ⤚ Zähne

Der Form ihrer Zähne nach zu urteilen, war dies eine fleischfressende Art.

Abb. 6.2 ⤚ Skelett

Der Bau des Schädels beweist, dass diese Tiere tatsächlich Dinosaurier waren.

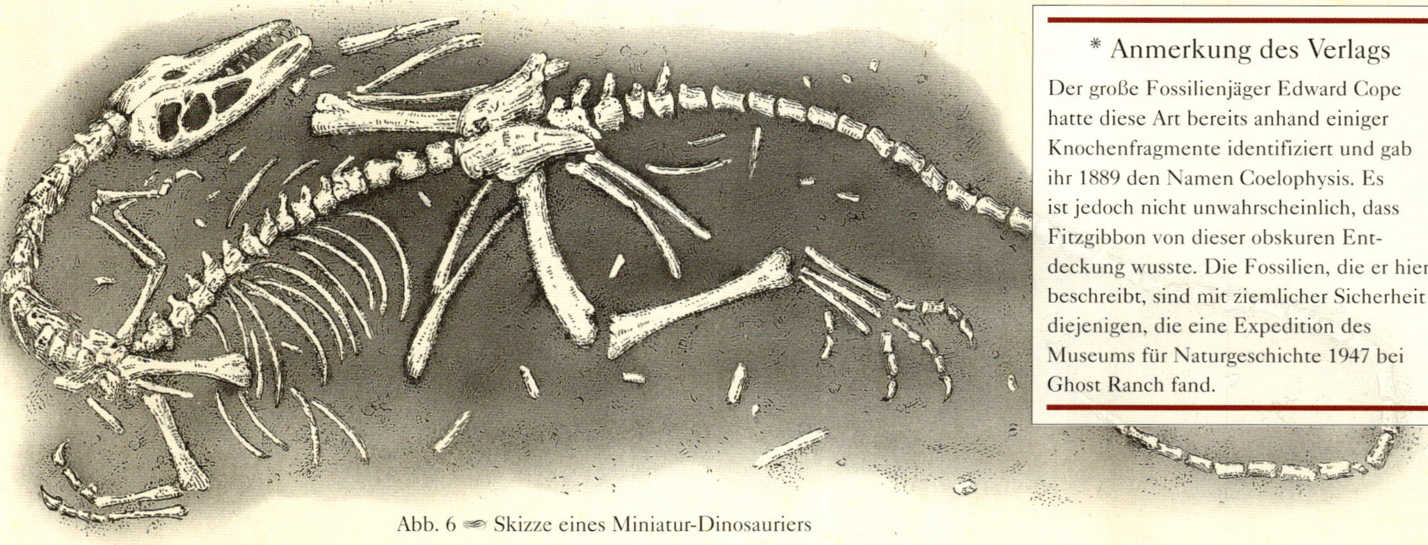

Abb. 6 ⤚ Skizze eines Miniatur-Dinosauriers

*** Anmerkung des Verlags**

Der große Fossilienjäger Edward Cope hatte diese Art bereits anhand einiger Knochenfragmente identifiziert und gab ihr 1889 den Namen Coelophysis. Es ist jedoch nicht unwahrscheinlich, dass Fitzgibbon von dieser obskuren Entdeckung wusste. Die Fossilien, die er hier beschreibt, sind mit ziemlicher Sicherheit diejenigen, die eine Expedition des Museums für Naturgeschichte 1947 bei Ghost Ranch fand.

Viele hungrige Mäuler

Dieses Rudel hungriger Fleischfresser wird der pflanzenfressenden Dinosaurier bald in ein Skelett verwandelt haben.

7. Kapitel

DIE SCHRECKLICHE KRALLE

Die Entdeckung eines unbekannten Dinosauriers aus Montana*

Ich war enttäuscht darüber, dass ich Barnum Brown im Sommer 1909 nicht getroffen hatte, und wollte nicht noch einen Winter vertrödeln. Stattdessen streifte ich auf der Suche nach weiteren Fossilien durch Montana. An einem kalten, aber sonnigen Nachmittag beschloss ich, einen kleinen Berg in der Nähe meines Lagers zu besteigen, um mir einen besseren Überblick über die Umgebung zu verschaffen. Ich kam nie bis zum Gipfel, denn nachdem ich über einen Kamm geklettert war, stand ich plötzlich einem bis dahin völlig unbekannten Dinosaurier gegenüber.

Das Geheimnis der Felsen

Durch Erosion war etwa die Hälfte eines Skeletts freigelegt worden. Mit meinem Pickel konnte ich einige gebrochene Felsplatten entfernen und so einen weiteren Teil des Skeletts befreien. Leider aber lag der Rest unter Felsen verborgen, gegen die ich mit meinem bescheidenen Werkzeug nicht ankam.

Die Badlands von Montana

Der amerikanische Begriff »Badlands« (»Schlechtes Land«) passt sehr gut zum unwegsamen Ödland Montanas.

Furchtbare Füße

Verglichen mit dem übrigen Körper war der Schädel sehr groß und die scharfen Zähne verrieten den Raubdinosaurier. Ebenso wie die anderen Dinosaurier, die ich bisher gesehen hatte, war auch dieser auf seinen Hinterbeinen gelaufen. Am kräftigsten Zeh jedes Fußes war eine große, sichelförmige Kralle, die das Tier beim Laufen vermutlich erhoben hielt. Vielleicht griff es seine Beute an, indem es auf einem Bein stehen blieb und mit der großen Kralle des anderen Fußes nach seinem Opfer schlug. Die Kralle war zweifellos eine furchtbare Waffe.

Vogelähnliches Aussehen

Während zwischen diesem Dinosaurier und den anderen in diesem Buch Ähnlichkeiten bestehen, gibt es auch interessante Unterschiede. Wäre nicht der Schädel mit den großen Zähnen, könnte man das Tier auch für einen Vogel halten. Später fand ich heraus, dass das umgebende Gestein aus der mittleren Kreide stammte und damit einige Jahrtausende älter war als dasjenige, das Tyrannosaurus umgab.

Eine willkommene Abwechslung war meine Begegnung mit Landvermessern der Eisenbahngesellschaft, die mich zu einem Bohneneintopf in ihr Lager einluden.

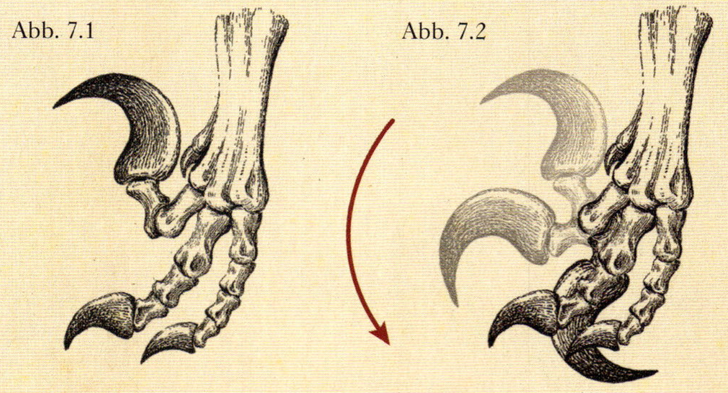

Abb. 7 Drehmoment

Der Hinterfuß ist so gebaut, dass die größte Kralle einen Bogen von 180° beschreiben kann.

*** Anmerkung des Verlags**

Mit Sicherheit war dieser Dinosaurier identisch mit Deinonychus, der in den 1960er-Jahren von John Ostrom entdeckt wurde.

Tödliche Begegnung

Die unmenschlichen Schreie junger, miteinander kämpfender Dinosaurier zerreißen die Stille des Waldes.

8. Kapitel

PRÄHISTORISCHE VERWANDTSCHAFTEN

Sind Dinosaurier und Vögel miteinander verwandt?

Der Dinosaurier mit der sichelförmigen Kralle lässt mich nicht mehr los. Dabei denke ich nicht gerne an ihn, denn seine Existenz legt den Schluss nahe, dass Dinosaurier und Vögel näher miteinander verwandt sind, als bisher angenommen. Ich kann mich noch gut an die Vorlesungen in meinem ersten Studienjahr erinnern. Damals lernte ich, dass Vögel warmblütige Tiere mit Federn sind, Dinosaurier dagegen wechselwarme Echsen mit schuppiger Haut und dass diese beiden Gruppen nur sehr weitläufig miteinander verwandt sind. Die Echse mit der Sichelkralle aber stand den Vögeln erheblich näher.

Ausgestellte Dinosaurier

Als man sie der Öffentlichkeit erstmals vorstellte, hatte man die Skelette der Dinosaurier so montiert, als seien sie alle auf vier Beinen gelaufen. Diese Annahme ist noch altmodischer als die »Känguruhaltung«.

Vögel oder Dinosaurier

Ich las einmal, dass um 1800 Bauern aus dem Connecticut Valley in Neuengland in den Felsen nahe ihrer Felder zahlreiche dreizehige Fußabdrücke gefunden hatten. Damals hielt man diese für die Spuren alter, unbekannter Vögel. Da man auch später immer davon ausging, dass Dinosaurier sehr groß seien, wurde an dieser Erklärung niemals gezweifelt. Nachdem ich inzwischen weiß, welche Größenunterschiede zwischen den Arten bestehen können, nehme ich an, dass die Spuren in Neuengland von Dinosauriern und nicht von Vögeln stammen.

Abb. 8 Archäopteryx,

das älteste Fossil eines Tieres, das man als Vogel bezeichnen könnte

Ein fossiler Vogel

In den 1870er-Jahren wurde in Deutschland in Kalkstein aus dem Jura ein bemerkenswertes Fossil gefunden. Das Tier war ungefähr 60 cm lang und hatte, wie man deutlich sehen konnte, am ganzen Körper Federn. Man nannte es Archäopteryx und bezeichnete es als den Vorfahren der modernen Vögel, obwohl in seinen Kiefern viele kleine, scharfe Zähne steckten. Als ich erstmals die Skelette der Miniatur-Dinosaurier (Coelophysis, d. Vlg.) sah, erinnerten sie mich stark an den Archäopteryx. Die beiden Arten schienen mir sehr ähnlich zu sein, obwohl das eine ein Dinosaurier und das andere mit seinen Federn ganz offensichtlich ein Vogel war.

Suche nach Übereinstimmungen

Hier unten sind drei Tiere zum Vergleich abgebildet: zwei Dinosaurier unterschiedlicher Größe, Tyrannosaurus und Sichelkralle (Deinonychus, d. Vlg.) sowie ein Nandu, ein flugunfähiger Vogel, der heute in Südamerika lebt. Ich fordere meine Leser auf, die zahlreichen Ähnlichkeiten zwischen Knochen und Fußspuren dieser Tiere zu beachten und ihre eigenen Schlüsse zu ziehen.

Abb. 9 Größenvergleich

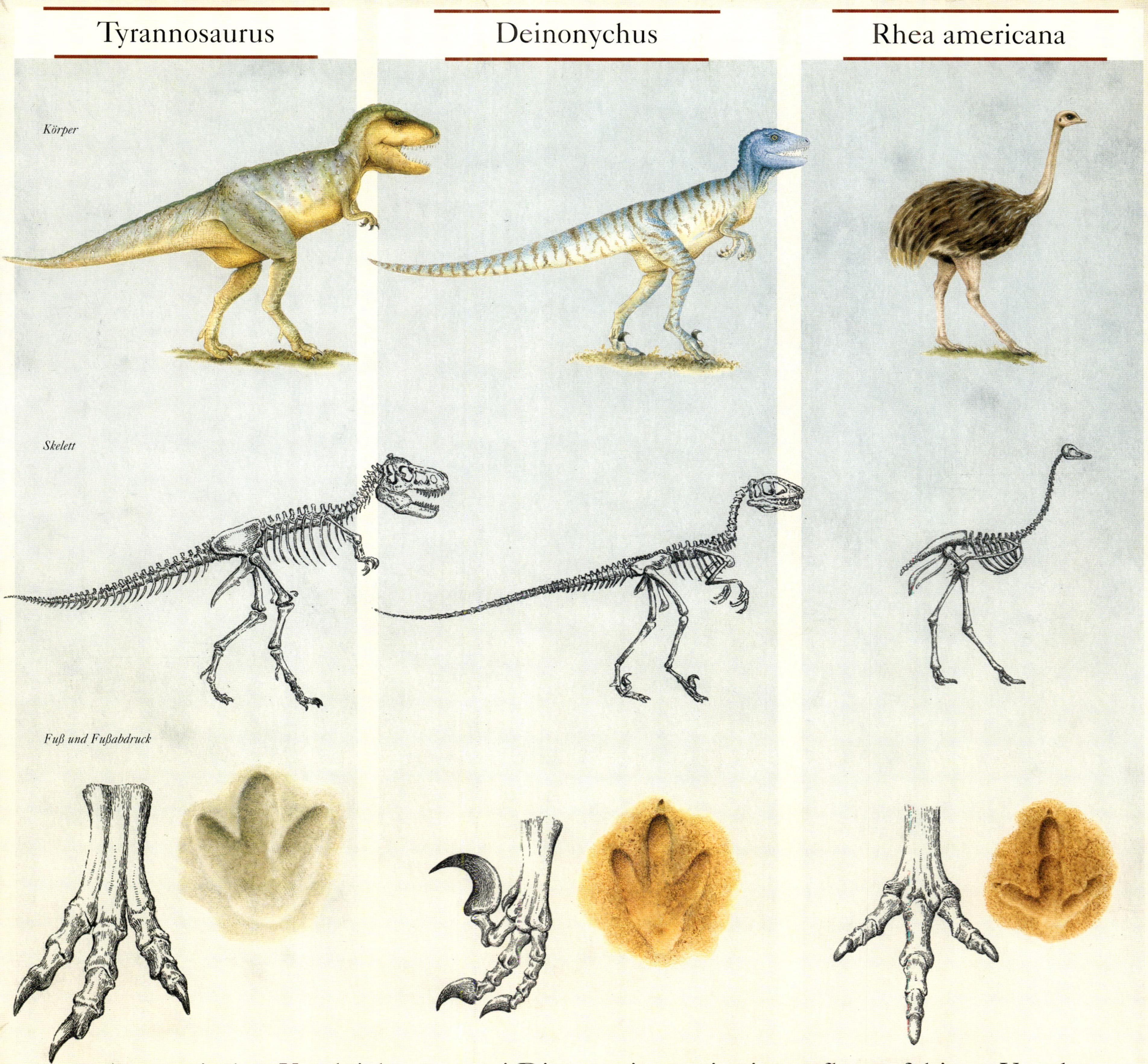

Anatomischer Vergleich von zwei Dinosauriern mit einem flugunfähigen Vogel

Werden Unterschiede in der Größe und der Beschaffenheit der Haut und ihrer Bedeckung vernachlässigt, fallen Ähnlichkeiten stärker ins Auge, insbesondere die Ähnlichkeit der Fußabdrücke.

9. Kapitel

DER JÄGER AUF DER JAGD

Entdeckung von interessantem Gestein

Vielleicht habe ich bisher den Eindruck erweckt, dass meine Jagd nach Fossilien eine sehr einsame Angelegenheit war. Das stimmt so nicht, denn ich begegnete vielen Bewohnern des amerikanischen Westens, die mir bei meiner Arbeit oft eine große Hilfe waren, da sie mit dem Gelände und dem Klima besser vertraut waren als ich. Bei einer Gelegenheit war sogar einer dieser Menschen der eigentliche Entdecker von Fossilien. Eines Morgens im Herbst 1912 weckte mich das Hupen eines Automobils, und schon wenige Minuten später wurde ich in diesem Gefährt über die texanische Prärie gefahren. Einheimische hatten etwas entdeckt, von dem sie wussten, dass es mich brennend interessieren würde.

Am Schauplatz

Ich wurde zu einem kleinen, Perlooksee* genannten Fluss gebracht, und man zeigte mir eine Stelle, an der das Wasser einen Teil der Uferböschung weggeschwemmt hatte. Unter einer dünnen Schicht Schlamm waren Felsen sichtbar geworden, auf denen gewaltige Fußspuren prangten. Jemand hatte bereits einen Abdruck von Schlamm befreit. Er war überraschend tief, und die drei gewaltigen Zehen zeichneten sich so klar ab, als wäre der Fußabdruck nur ein paar Tage und nicht einige Millionen Jahre alt.

Abdrücke von Ungeheuern

Die unglaubliche Größe der fossilen Abdrücke wird durch den Vergleich mit dem Automobil deutlich.

Eine kurze Untersuchung

Der zuständige Ranger teilte mir mit, dass es bald wieder regnen würde und dass zu befürchten wäre, dass der Fluss über die Ufer trat und die Fußabdrücke unter einem Erdrutsch verschwinden würden. Ich benutzte meinen Hut als Eimer, um möglichst viele Abdrücke zu säubern. Erst am späten Nachmittag wurde mir klar, wofür sie eigentlich standen.

Eine Frage des Vorstellungsvermögens

Als die Schatten länger wurden, konnte man die Abdrücke wesentlich deutlicher sehen. Manche waren größer und andere kleiner. Ich war aus dem Schlaf gerissen und über die holprige Prärie gefahren worden und hatte dann stundenlang unter der sengenden Sonne gearbeitet. Ich war todmüde, aber ich ärgerte mich über mich selber, weil mir für die Spuren keine Deutung einfiel. Schließlich versuchte ich, in Gedanken in jene Zeit zu reisen und mir die Tiere vorzustellen, die diese Spuren hinterlassen hatten. Plötzlich verstand ich, welches Drama sich hier womöglich abgespielt haben musste.

Ich versuchte, dem Ranger die Unterschiede zwischen den Spuren von fleischfressenden und pflanzenfressenden Dinosauriern zu erklären.

* Anmerkung des Verlags

Fitzgibbon hatte den Namen des Flusses offenbar falsch verstanden. 1951 untersuchte Roland T. Bird vom New Yorker Museum für Naturgeschichte ähnliche Dinosaurierspuren in der Nähe des Flusses Paluxy in Texas.

Abb. 10 ≈ Überlegungen zu den Dinosaurierspuren

Jäger und Beute

Plötzlich stand mir die Szene so klar vor Augen, als wäre ich dabei gewesen. Ein sehr großer Dinosaurier war am schlammigen Ufer eines Flusses entlanggegangen. Von ihm stammten die größeren Abdrücke. Wahrscheinlich war es ein langhalsiger Dinosaurier gewesen, zum Beispiel ein Camarasaurus. Die kleineren Spuren, die die Fährte des größeren Tieres kreuzen, sind einem fleischfressenden Dinosaurier zuzuordnen. Wahrscheinlich handelte es sich nicht um einen Tyrannosaurus, sondern um einen seiner kleineren, aber nicht weniger aggressiven Verwandten. Da ich keine Knochen gefunden hatte, konnte ich nur raten, doch schienen mir die fossilen Abdrücke ihre Geschichte deutlich genug zu erzählen.

In der Ferne donnerte es und das Unwetter kam näher. Ich schloss die Augen und stellte mir das urzeitliche Drama nochmals vor: Ein großer Pflanzenfresser suchte am Ufer nach Nahrung und ahnte nicht, dass ihm ein hungriger Raubdinosaurier auflauerte und nur darauf wartete, dass er nahe genug kam, damit er ihn anspringen konnte.

Abb. 11 ≈ Vergleich der Fußabdrücke

Abb. 11.1

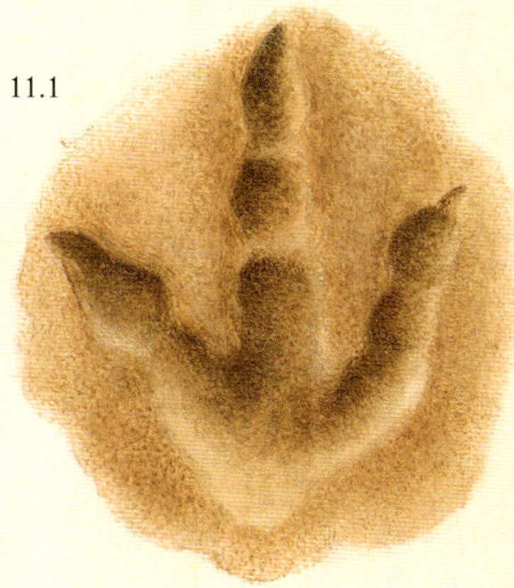

Abdruck des Jägers

Die kleinere Spur stammt von einem Raubdinosaurier, der auf den Hinterbeinen lief. Lange Zehen stehen für einen zweibeinigen, aufrechten Gang.

Abb. 11.2

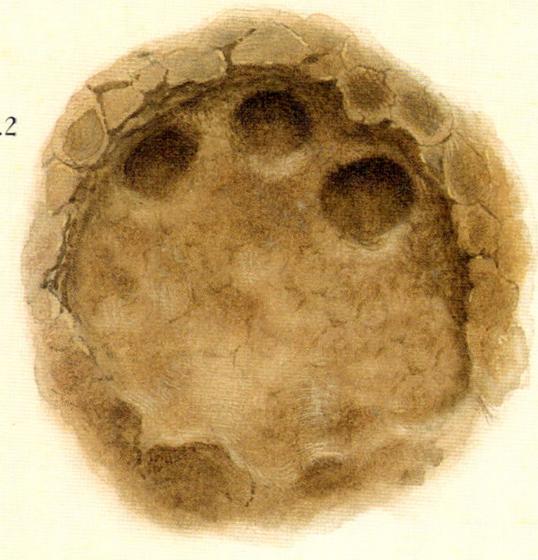

Abdruck der Beute

Die größeren Abdrücke könnten die eines Sauropoden sein, eines langhalsigen, pflanzenfressenden Dinosauriers. Die kurzen Zehen weisen auf einen vierbeinigen Gang hin.

10. Kapitel

EIN STAMMBAUM

Meine Schlussfolgerungen

Die hohen Wände eines Canyons, an denen die übereinanderliegenden Gesteinsschichten sichtbar waren, beeindruckten mich stark und verfolgten mich während eines drei Tage währenden Fiebers bis in meine Träume. Ich träumte von der unendlich langen Zeitspanne, die in diesen Felsschichten eingeschlossen war, und wurde von einem grauenhaften Ungeheuer verfolgt, halb Vogel und halb Echse. Als es mich eingeholt hatte, flüsterte es mir Schlussfolgerungen ein, die mir in meinem Fieberwahn vollkommen logisch vorkamen. Doch als ich mich von der Krankheit allmählich erholte, erschienen mir diese Einsichten immer fragwürdiger.

Colorado River Canyon

Im Laufe der Jahrhunderte grub sich der Fluss Colorado durch zahlreiche Gesteinsschichten unterschiedlicher Farbe und Zusammensetzung.

Nur eine Meinung

Ich bin zu der Überzeugung gelangt, dass die vielen Ähnlichkeiten zwischen bestimmten Vögeln und Dinosauriern kein Zufall sein können. Da ich jedoch kaum über weitere Anhaltspunkte verfüge, will ich keine vorschnellen Schlüsse ziehen. Meiner Ansicht nach muss es ein Tier gegeben haben, das Eigenschaften dieser beiden Gruppen in einem stärkeren Maße besaß, als bisher für möglich gehalten wurde.* Es könnte einem modernen Strauß oder einem anderen flugunfähigen Vogel ähnlich gesehen haben. Ich wäre nicht überrascht, wenn es Schuppen anstelle von Federn hatte.

Familienbande

Fossilien von Tyrannosaurus und des mit ihm nahe verwandten Albertosaurus wurden ausschließlich in Nordamerika gefunden. Ich habe mich selbst von der Existenz dieser Ähnlichkeiten überzeugt und glaube, dass die beiden derselben Familie angehören. Diese Familie setzt sich gegen alle anderen Dinosaurier ab, die möglicherweise ebenfalls unterschiedlichen Familien zugeteilt werden könnten. Von diesen Ideen ausgehend, ließe sich ein Stammbaum anlegen. Auf der gegenüberliegenden Seite stelle ich meinen Vorschlag für einen derartigen Stammbaum vor.

Eine alte Abstammungslinie

Das älteste Mitglied dieser Familie von Fleischfressern und damit ihr Urahn ist Coelophysis. Im Laufe der Jahrmillionen wurden die Dinosaurier eines Zweigs dieser Familie größer und größer. Im Jura brachte dieser Zweig Allosaurus hervor und schließlich gegen Ende der Kreidezeit Tyrannosaurus. Ihren Erfolg verdankten diese Tiere zweifellos ihren mit rasiermesserscharfen Zähnen ausgestatteten, kräftigen Kiefern. Ceratosaurus, ein Zeitgenosse von Allosaurus, entstammte vermutlich einem Seitenzweig. Ein weiterer wichtiger Zweig des Stammbaums entwickelte sich auf etwas andere Weise. Diese Dinosaurier blieben ziemlich klein und wurden Vögeln immer ähnlicher. Deinonychus aus der mittleren Kreidezeit ist ein relativ spätes Beispiel für diesen Typ.**

Mir ist bewusst, dass ich nichts weiter als ein Amateur unter den Fossilienjägern bin. Aus diesem Grund habe ich alle meine Ideen in wissenschaftlicher Form schriftlich niedergelegt. Mein Buch soll der Öffentlichkeit einen Eindruck von der Vielfalt der zweibeinigen Raubdinosaurier Nordamerikas vermitteln. Außerdem ist es als freundschaftliche Herausforderung für die akademischen Paläontologen gedacht, die ich hiermit herzlich dazu einlade, sich zu meinen Hypothesen zu äußern.

* Anmerkung des Verlags

Zur besseren Verständlichkeit ersetzte der Verlag die Bezeichnungen »Miniatur-Dinosaurier« durch Coelophysis und »Sichelkralle« durch Deinonychus.

* 1914 entdeckte Barnum Brown in Alberta ein nahezu vollständiges Dinosaurierskelett, das einem Strauß verblüffend ähnlich war. Henry Fairfield Osborn gab dem Tier 1917 den Namen Struthiomimus. Monty hatte die richtigen Schlüsse gezogen.

** Erst 1996 wurden Fossilien gefiederter Dinosaurier gefunden. In China entdeckte man einen kleinen Saurier und nannte ihn Sinosauropteryx. Diese und weitere erstaunliche Funde überzeugten die Wissenschaftler davon, dass viele der kleineren Raubdinosaurier wie etwa Deinonychus und Velociraptor Federn besaßen.

Die Mitglieder eines Zweigs der Familie von Coelophysis wurden im Laufe der Jahrmillionen immer größer. Zu den letzten von ihnen zählen Allosaurus und T. Rex.

Die Angehörigen eines anderen Zweigs blieben klein und wurden Vögeln immer ähnlicher. Aus diesem Zweig ging Deinonychus hervor.

Trias

In einem weiteren Zweig entwickelte sich der gehörnte Dinosaurier Ceratosaurus.

Coelophysis

- Art: *Reptil*
- Größe: *3 m*
- Zähne: *scharf*
- Nahrung: *Fleisch*
- Aussehen: *schuppig*
- Verhalten: *jagte im Rudel*

Jura

Allosaurus

- Art: *Reptil*
- Größe: *10 m (3/4 der Größe vom T. Rex)*
- Zähne: *scharf*
- Nahrung: *Fleisch*
- Aussehen: *schuppig*
- Verhalten: *jagte im Rudel*

Ceratosaurus

- Art: *Reptil*
- Größe: *7 m*
- Zähne: *scharf*
- Nahrung: *Fleisch*
- Aussehen: *schuppig, mit Hörnern*
- Verhalten: *jagte im Rudel*

Archaeopteryx

- Art: *teilw. Vogel, teilw. Reptil*
- Größe: *60 cm*
- Zähne: *scharf (anders als heutige Vögel)*
- Nahrung: *Fleisch*
- Aussehen: *gefiedert, mit Krallen*
- Verhalten: *konnte fliegen*

Kreide

Albertosaurus

- Art: *Reptil*
- Größe: *10 m*
- Zähne: *lang und scharf*
- Nahrung: *Fleisch*
- Aussehen: *schuppig*
- Verhalten: *jagte allein*

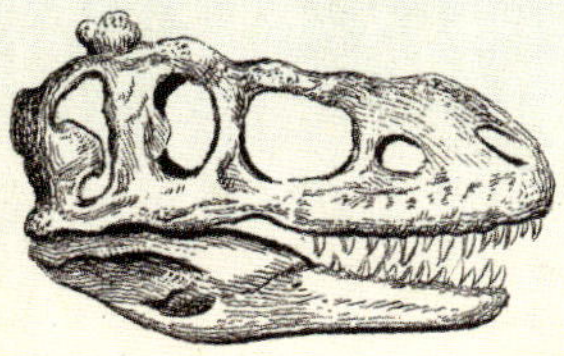

Tyrannosaurus

- Art: *Reptil*
- Größe: *12 m*
- Zähne: *groß und scharf*
- Nahrung: *Fleisch*
- Aussehen: *schuppig*
- Verhalten: *jagte allein*

Deinonychus

- Art: *Reptil*
- Größe: *3 m*
- Zähne: *scharf*
- Nahrung: *Fleisch*
- Aussehen: *vogelähnlich, aber schuppig*
- Verhalten: *jagte im Rudel*

Anmerkung des Verlags

Es würde Monty sicher freuen zu wissen, dass wir seinen Stammbaum wie folgt ergänzen können:

Struthiomimus

- Art: *Reptil*
- Größe: *4 m*
- Zähne: *scharf*
- Nahrung: *Fleisch und Pflanzen (Allesfresser)*
- Aussehen: *straußähnlich, schuppig*
- Verhalten: *jagte im Rudel*

Sinosauropteryx

- Art: *Reptil*
- Größe: *90 cm*
- Zähne: *scharf*
- Nahrung: *Fleisch*
- Aussehen: *gefiedert*
- Verhalten: *unbekannt*

Anmerkung des Verlags

Zur besseren Information des modernen Lesers ergänzten wir Montys Stammbaum durch neuere Entdeckungen. Monty wäre sicher entzückt zu erfahren, dass viele moderne Wissenschaftler die Vögel für die letzten überlebenden Nachfahren der Dinosaurier halten.

KRIEG IN EUROPA

LONDON 1. SEPTEMBER 1914

Großbritannien hat Deutschland nun den Krieg erklärt, und die britische Armee hatte bereits die ersten Schlachten gegen deutsche Truppen, die in Belgien und Frankreich einmarschiert sind. Da die Armee dringend Verstärkung braucht, ruft der König Freiwillige auf, sich zu melden.

FAIRVIEW HOTEL
HOUSTON • TEXAS

Mr B. Brown
Museum für Naturgeschichte, New York

Lieber Mr Brown,

zu allererst möchte ich Sie recht herzlich grüßen.

Seit wir uns getroffen haben, konnten Sie sicher viele aufregende Entdeckungen machen und auch ich bin auf einige eigene Funde sehr stolz.

Heute trete ich wieder mit einer Bitte an Sie heran: Könnten Sie das beigefügte Manuskript durchsehen, das ich kürzlich für den Druck fertig gemacht habe?

Vielleicht wäre Ihr Museum interessiert daran, das Buch zu veröffentlichen. Ich könnte mir vorstellen, dass wir von diesem gemeinsamen Unterfangen beide profitieren würden. Außerdem schlage ich vor

Muss diesen Brief leider unterbrechen. Habe soeben vom Krieg erfahren und will nun meiner Pflicht nachkommen. Ich reise sofort nach Galveston ab und nehme dort das erste Schiff nach England. Werde mit Ihnen wegen des Buches Kontakt halten.

In aller Eile

Monty

Professor Archibald Cranmore Brookes
Zentrum für Fossilienkunde
Universität Ditching-in-the-March
Old Somerset, England

An den Verlag
arsEdition
München
Deutschland

Sehr geehrte Damen und Herren,

vielen Dank für die Zusendung dieses bemerkenswerten Manuskripts, das zweifellos ein Meisterwerk der Amateur-Paläontologie des frühen 20. Jahrhunderts darstellt. Es ist sehr bedauerlich, dass es so lange verschollen und der Wissenschaft dadurch vorenthalten blieb, und Ihre Entscheidung, es zu veröffentlichen, halte ich für äußerst begrüßenswert.

Aufgrund einer Reihe glücklicher Zufälle studierte der Autor aus nächster Nähe einige der wichtigsten Fossilien, die jemals in den USA entdeckt wurden. Seine Beobachtungsgabe, seine sachlichen Beschreibungen und sein unübersehbares künstlerisches Talent trugen zur Entstehung eines sehr informativen und gleichzeitig auch reizvollen Sachbuchs über die wichtigsten fleischfressenden Dinosaurierarten bei.

Zwar sind weder die Zeichnungen noch der Text nach unseren heutigen, wissenschaftlichen Maßstäben hundertprozentig korrekt, doch wird dieser Mangel durch die erstaunlich fortschrittlichen Ansichten des Autors mehr als wettgemacht. Manche seiner Ideen waren seiner Zeit um mehr als 50 Jahre voraus. Mit einigen richtigstellenden Anmerkungen versehen, kann man aus diesem Manuskript ohne Weiteres ein aktuelles Buch machen.

Ich empfehle Ihnen dieses Manuskript guten Gewissens und vorbehaltlos.

Cranmore Brookes

Professor Cranmore Brookes

TELEGRAMM

Kriegsministerium, London Gebühr } 10.55 } 1.46

An} *Mrs Fitzgibbon, 4 The Mount, Aberdeen*

Wir bedauern zutiefst, Ihnen mitteilen zu müssen, dass Hauptmann J. E. M. Fitzgibbon, Veterinärkorps der Armee, seit dem 15. Juli 1916 als vermisst gilt und vermutlich tot ist. Die Armee drückt Ihnen hiermit ihre tiefste Anteilnahme aus.

Gezeichnet: Kriegsministerium

Anmerkung des Verlags:
Dieses Buch ist das Faksimile eines 1908 von Monty Fitzgibbon begonnenen Tagebuchs. Da aber weder die Existenz des Autors noch der Wahrheitsgehalt seiner Behauptungen belegbar sind, wird der Leser gebeten, dieses Buch ausschließlich als unterhaltsame Lektüre zu betrachten.

5 4 3 2 1 11 10 09 08

Titel der Originalausgabe: The Explorer's Library: Tyrannosaur
Die Originalausgabe ist bei Templar Company plc erschienen
Erfunden und produziert von The Templar Company plc

Aus dem Englischen von Cornelia Panzacchi
Printed in China
ISBN 978-3-7607-3277-0

www.arsedition.de
www.geheimewelten.de